Wieviel kostet mein neues Eigenheim

Aufzeigen der Kostenpositionen und
Einsparmöglichkeiten
beim Neubau oder Kauf eines Wohnhauses

Alle Rechte vorbehalten

Copyright 2011 beim
Autor: Friedhelm Schutt

Herstellung und Verlag:
Books on Demand GmbH,
Norderstedt

ISBN: 9783842377790

2

Einleitung

Die meisten Leute bauen oder kaufen in ihrem Leben nur einmal ein Haus. Und die meisten Leute kennen sich nicht aus mit den Kosten, die für die einzelnen Positionen des gesamten Hauspreises zu zahlen sind.

Das ist für Bauträger, Architekten und Makler eine prima Möglichkeit, den Preis in Größenordnungen zu schieben, in denen sie sehr gutes Geld verdienen, der arme Hauskäufer aber lange zu zahlen hat.

Viele Neubau-Preise, die in Zeitungen oder dem Internet als Kaufpreise dargestellt werden, und über die man ja auch gesucht hat, stellen sich im Nachhinein als unwahr dar. Der Grund ist, dass viele Kosten nicht aufgeführt werden. Oder, dass es so kleine Nebensätze im Kleingedruckten gibt, die aussagen, dass für dies und jenes der Bauherr verantwortlich ist.

In diesem Buch sollen fast alle Kosten-Positionen aufgezeigt werden, die ein Bauherr berücksichtigen muss und mit denen er auch Vergleiche anstellen kann. (*Fast* alle Positionen wird deshalb betont, weil jeder Bauherr in der Lage ist, Besonderheiten in seinen Bau einzubauen, die der Standard nicht abdecken kann.)

Empfehlenswert ist der Aufbau einer eigenen Excel-Tabelle, in die alle für einen Bau notwendigen Positionen eingetragen werden. Wenn sich der Grundriss, das Wandmaterial, die Wärmedämmung oder die Heizung ändert, kann die Auswirkung sofort in der Endsumme abgelesen werden.

Dieses Buch basiert auf den Erkenntnissen und Kalkulationen des Buches ‚In 1000 Stunden baue ich mein eigenes Haus' bzw. ‚Der Kritische Bauherr', welche vom gleichen Autoren geschrieben wurden.

Die hier verwendeten Zahlen wurden im Jahr 2011 festgestellt.

Der Grundstückskauf

Beim Grundstückskauf sind die Positionen für das eigentliche Grundstück, für die Grunderwerbssteuer, die Notarkosten, Auflassungsvormerkung, Grundschuldeintragung, Grundbuchänderung und evtl. die Maklergebühren zu berücksichtigen. An die Vermessungskosten muss ebenfalls gedacht werden.

Üblicherweise werden die Quadratmeter des Grundstücks mit einem bestimmten Quadratmeterpreis multipliziert. Bei größeren und tieferen Grundstücken wird ab einer bestimmten Tiefe vom Preis für Landwirtschaftsfläche gesprochen, der erheblich niedriger liegt als derjenige für Bauland.

Die **Grunderwerbssteuer** steht aktuell noch bei 3,5 Prozent vom Grundstückspreis, sie soll aber in Kürze in einzelnen Bundesländern auf 5 Prozent erhöht werden. Das Finanzamt meldet sich in einer Frist von etwa zwei Wochen nach der Unterzeichnung des Notarvertrages. Der Notar kann seine Arbeit nur Fortsetzen, wenn das Finanzamt und die

Gemeinde ihre Unbedenklichkeitserklärungen abgegeben haben.

Die **Notarkosten** liegen bei rund einem Prozent des Grundstückspreises. Wenn eine Grundschuld für eine Hypothek ins Grundbuch eingetragen werden muss, erhöhen sich die Kosten um etwa ein halbes Prozent.

Die **Auflassungsvormerkung** und die **Grundbuchänderung** kosten rund 500-1000 Euro.

Der **Makler** nimmt eine Provision von 3 Prozent zuzüglich 19 Prozent Mehrwertsteuer.

Die **Vermessungkosten** liegen bei rund 900 Euro.

Die Architektenkosten

Die Architektenkosten richten sich nach der sogenannten HOAI (Honorarordnung für Architekten und Ingenieure)

Die Kosten sind abhängig von der Komplexität des Gebäudes. Ein Stall kostet weniger als ein Einfamilienhaus und dieses wiederum weniger als ein Krankenhaus.

Unterstellen wir einmal das ein Gebäude 350.000 Euro kostet und der Architekt bei vollumfänglicher Tätigkeit 30.000 Euro abrechnen darf.

So unterteilt sich dieser Betrag in 3% für die Beschaffung der Planungsunterlagen (Bodenbeschaffenheit, Lageplan und eingetragene Lasten),

7 % für einen Grobentwurf,

11 % für einen abschließenden Plan als Unterlage für die Baugenehmigung und die Kostenrechnung nach der Feststellung des Mengengerüstes.

25 % werden für die bemaßte Bauausführungszeichnung im Maßstab 1:50 berechnet.

10 % für Massenermittlung und Ausschreibungen an Handwerker und Baustofflieferanten.

4 % für die Prüfung der Angebote und Vergabe der Aufträge an Lieferanten und Handwerker.

31 % für Bauaufsicht und Bauleitung.

Die letzten 3 % sind für Dokumentation und Verwahrung der Unterlagen anzusetzen.

Als Bauherr kann man sich gut die eine oder andere Position sparen, wenn man z.B. selbst einen Entwurf erarbeitet und dem Architekten den Lageplan usw. übergibt. Wenn man in der Lage ist, handwerkliche Gewerke selbst durchzuführen, zu vergeben und/oder zu beaufsichtigen kann die Architektenrechnung weiter gesenkt werden.

Man muss aber immer bedenken, dass man damit Verantwortung übernimmt und abhängige Gewerke auch in der eigenen Verantwortung liegen werden.

Statikerkosten

Auch die Statikerkosten werden über die HOAI abgerechnet. Sie liegen üblicherweise weit unterhalb der Architektenkosten. Je einfacher der Aufbau des Hauses ist, um so leichter und weniger umfangreich sind die Aufwendungen des Statikers. Für ein Einfamilienhaus sollte man zwischen 2.000 und 4.000 Euro zahlen müssen. Statiker auf dem Lande sind häufig weniger gut beschäftigt und werden Wege finden, den Preis tief zu halten.

Für den Bauherren ist es sehr wichtig, einen Statiker auszuwählen, der *für* ihn arbeitet. Z.B. kann man beim Dachstuhl 7 Zentimeter dicke Sparren einsetzen oder auch über 10 Zentimeter wählen. Man kann die Sparrenabstände auf 59 Zentimeter einstellen, oder auch im Abstand von 45 Zentimetern. Man kann die Sparren frei schweben lassen oder durch Stützen oder eine Mittelpfette entlasten, wodurch Holzmaterial einzusparen ist.

Man sollte hier ruhig selbstbewusst sein und mit dem Statiker diskutieren, wie viel Holz als Dachstuhl verarbeitet werden muss. Man kann auch so manche teuere Lösung vereinfachen, wenn sich der Statiker darauf einlässt. Z.B. kann eine Fußpfette direkt auf die Decke gelegt und mit Steinschrauben befestigt werden. Manchmal versuchen die Statiker aber, die Fußpfette auf einen kompliziert einzuschalenden Betonkörper zu legen. Da kann schon der eine oder andere 1.000-Euro-Schein drinstecken.

Anstelle einer dünnen Wand, die nicht viel trägt kann auch mal eine Stahlstütze oder eine Betonsäule eingebaut werden, statt eine dickere Wand vorzuschreiben.

Ein Statiker ist der Mann, der von der Technik die meisten Kenntnisse hat und Alternativen empfehlen kann. Diese Fähigkeit sollte man nutzen.

Versicherungskosten

Darunter fällt die sogenannte **Bauherrenhaftpflichtversicherung**.

Wenn man Helfer auf der Baustelle beschäftigt, muss man diese bei der **Berufsgenossenschaft** anmelden. Hier spielt die Anzahl der Helfer und deren Stunden eine Rolle.

Die **Gebäudeversicherung** wird üblicherweise während der Bauphase von der bereits bestehenden Gebäudeversicherung kostenlos übernommen.

Alle Versicherungskosten während der Bauphase sollten nicht mehr als 500-1.000 Euro kosten.

Kosten für die Baugenehmigung

Die Kosten der Baugenehmigung werden über den umbauten Raum in Kubikmetern für das Wohnhaus und die Garagen oder Nebengebäude berechnet. Pro Kubikmeter Wohnraum wird ein Wert von z.B. 110 Euro angesetzt, der Garagenraum ist preisgünstiger, nämlich 77 Euro.

Man kommt also leicht auf einen Wert von 100 – 200.000 Euro. Pro Tausend Euro wird eine Gebühr von z.B. 6 Euro an Baugenehmigungskosten angesetzt, was in unserem Beispiel 600 bis 1.200 Euro Genehmigungskosten ausmacht.

Je nach Land, Stadt oder Gemeinde variieren die Sätze. Die Kosten können bei den Bauämtern erfragt werden.

Einmessungskosten

Bevor der erste Spatenstich getan werden kann, müssen die Grundstücksgrenzen und die Positionen für den Baukörper genau festgelegt werden. Dazu wird üblicherweise ein Vermesser beauftrag. Er sucht die Grenzsteine, legt die Eckpunkte von Gebäude und Garagen fest und errichtet ein Schnurgerüst, so dass die Kreuzungspunkte der Schnüre die Eckpunkte der Gebäude bestimmen.

Man muss mit rund 2.500 Euro für die Einmessung, das Schnurgerüst und die abschließende Katastervermessung einkalkulieren.

Kosten für Aushub, Abtransport, Bodenaustausch und Verdichtung, Wasserhaltung

Wenn ein Keller gebaut werden soll, muss der Boden ausgehoben werden. Kann man das Material nicht auf dem Grundstück anderweitig brauchen, muss es teuer abgefahren werden.

Besitzt der Boden nicht die vom Statiker geforderte Tragfähigkeit, muss er entfernt und durch tragfähiges Schotter, Kies und Sandmaterial ausgetauscht werden. Bis zur Bodenplatte muss ein Winkel von 45 bis 60 Grad eingehalten werden. Es kommt der Kaufpreis für das Austauschmaterial und der Transport hinzu. Das Material muss alle dreißig Zentimeter mit einer Rüttelplatte verdichtet werden. Also fallen Mietkosten und Arbeitslöhne an.

Sollte der Keller in einem wasserreichen Gebiet gebaut werden, muss eine sogenannte Wasserhaltung eingerichtet werden. Dazu werden Rammspitzen in den Boden getrieben, mit Schläuchen verbunden, eine Pumpe aufgestellt und große Mengen Wasser abgeleitet, die man als Kanalgebühr zu bezahlen hat. Die Pumpe verbraucht erhebliche Mengen Strom oder Kraftstoff und Mietkosten.

Bei felsigem Untergrund sind die Aushubarbeiten noch aufwendiger: Löhne, Werkzeuge, Sprengmaterial!

Bauwasser und Baustrom

Für die Einrichtung einer Baustelle mit Wasser und Strom werden von den Handwerksbetrieben bis zu 1.000 Euro verlangt. Darin sind Mietkosten für Zählereinheiten, Wasser- und Stromverbräuche und Arbeitslöhne enthalten.

Bodendruckprobe und Bohrung

Bevor man anfängt zu bauen, sollte die Tragfähigkeit des Boden abgesichert werden. Dafür werden Druckproben oder auch eine Bohrung für eine Bodenuntersuchung durchgeführt. Man muss mit gut 1.000 Euro rechnen. Die Bodendruckprobe ist im Ruhrgebiet bei potentiellen Bergsenkungen unerlässlich, um nachweisen zu können, dass von der Baustellenseite alles korrekt abgelaufen ist.

Kanalrohre

Unterhalb der Bodenplatte werden die Kanalrohre für Abwasser und Regenwasser angelegt. Dafür müssen Gräben ausgehoben werden, dann folgenden die Kunststoffrohre, die mit geeignetem Gefälle verlegt werden müssen. Der Aushub wird normalerweise nach Kubikmetern berechnet, die Rohre nach Metern. Manchmal wird noch ein festeres Bett unter die Rohre gelegt, was Lohn- und Materialkosten bedeutet.

Die Bodenplatte

Endlich kann die Bodenplatte errichtet werden.

Dafür muss eine Schalung aus Holz aufgebaut werden. Als erstes wird die sogenannte Sauberkeitsschicht, eine rund 5 cm dicke Betonschicht aufgetragen. Auf die Sauberkeitsschicht wird die untere Lage Stahlmatten bzw. Bewehrung gelegt, dann folgen Abstandhalter und die obere Lage Stahlmatten kann aufgelegt werden.

Ein sogenanntes Erdungsband wird eingelegt.

Nun kann der Beton geliefert werden. Der wird entweder mit einer Betonpumpe oder einem Kran mit einer Bombe eingebracht.

Zu berücksichtigen sind also Schalungsholz und –Löhne, Sauberkeitsschicht und Betonpumpe, Stahlmatten, Abstandhalter, Beton und wieder die Kosten für die Betonpumpe. Die Löhne sind natürlich nicht zu vergessen.

Wände Kellergeschoss

Die Wände im Kellergeschoss sind am dicksten, weil sie die größten Lasten zu tragen haben.

Der Preis ist stark davon abhängig, ob man Betonstein, Kalksandstein, Porenbeton oder gegossenen Beton verwendet. Grundsätzlich kann man mit Kubikmeter Steinmaterial plus Lohnkosten rechnen. Beim gegossenen Beton müssen noch Schalungsmaterial, Mietkosten und Krankosten gerechnet werden. Ein Daumenwert liegt bei rund 40-50 Euro pro Quadratmeter Wand bei gemauerten oder geklebten Steinen. Eine gegossene Wand ist erheblich teurer. Türstürze aus Porenbetonmaterial können teuer sein. Spannbetonstürze sind relativ leicht und preiswert. Es sollte fast kein Abfall anfallen, wenn der Maurer die Reste sofort wieder verarbeitet.

Die Kelleraußenseite wird mit Bitumen gestrichen oder verspachtelt, um eindringende Nässe abzuhalten. Material und Löhne sind zu berücksichtigen. Diese Arbeit kann man gut in Eigenleistung erledigen

Kellerdecke

Man kann eine ganz normal mit Holztafeln geschalte Decke bauen, man kann aber auch sogenannte Filigrandecken bestellen. Eine weitere Alternative sind Kaiserdecken. Filigrandecken sind fünf Zentimeter dicke Betontafeln, in die die unteren Stahlbewehrungen schon eingearbeitet sind. Kaiserdecken sind Betonbalken, auf die ein Hohlstein aufgelegt wird; für diese Decken braucht man kaum zusätzlichen Beton.

Man muss an Krankosten denken, mit denen man die Filigrandeckenteile auflegt. Die Betonbalken der Kaiserdecke sollten ebenfalls mit einem Kran grob auf den Wänden verteilt werden.

Dazu kommen in jedem Fall Stahlstützen und Tragebalken, eine Holzverschalung rund um die Decke und zur Trennung des Treppenhauses oder offener Deckenteile. Stahlmatten, Doppel-T-Träger oder Stahlkörbe für die Fensterstürze, Beton und Betonpumpe oder Kran mit Betonbombe.

Man muss mit einem Quadratmeterpreis bei der Decke von rund 45-65 Euro rechnen.

Wände des Erdgeschosses

Die Wände des Erdgeschosses berechnen sich wie die des Kellers. Hier sind allerdings die Wanddicken sehr viel dünner. Also sind die Quadratmeterpreise auch etwas geringer anzusetzen. Übrigens werden die Flächen der Fenster und der Haustür vom Handwerker häufig nicht heraus gerechnet. Das liegt daran, dass er durch die Stückelei der Steine eher Mehrarbeit hat.

Um die Klinker später in Position halten zu können, müssen die sogenannten Luftschichtanker in die Wand eingesetzt werden.

Treppe im Rohbau

Eine Betontreppe muss speziell eingeschalt werden. Es werden ein paar Eisen eingelegt, um sie stabiler zu machen und dann mit relativ trockenem Beton gegossen. Man muss eine Rohbautreppe aus Beton mit rund 1000 Euro pro Geschoss ansetzen.

Treppenbelag

An dieser Stelle kann man auch gleich über den Treppenbelag sprechen, obwohl er in der Bauphase erst sehr viel später aufgebracht wird.

Je nach Stein- oder Fliesenmaterial, Teppich- oder Holzbelag kann man pro Stufe zwischen 100 und 250 Euro ansetzen.

Wände des Dachgeschosses

Die Wände des Daches werden ähnlich wie die des Erdgeschosses dimensioniert. Es müssen noch Betonstürze in den Giebelwänden eingebaut werden, die über den Fenstern liegen und einen Teil des Dachstuhles aufnehmen. Grundsätzlich kann man pro Quadratmeter Wandfläche von rund 40-50 Euro ausgehen.

Schornstein

Pro Meter Schornstein muss man von rund 100 Euro ausgehen, darin sind Material und Lohnkosten enthalten. Die Abdeckplatte und Kupfer- oder Edelstahlhaube muss getrennt angesetzt werden. Reinigungsöffnung und Rauchrohranschluss sind schon enthalten.

Es ist zu berücksichtigen, dass jede Brennstelle (z.B. Gasofen und Holzofen) einen eigenen Schornstein benötigt.

Der Dachstuhl

Zum Dachstuhl gehört das Holz für die Sparren, die Fuß-, Mittel- und Firstpfetten, die Windrispe, die Traufbohle, das Befestigungsmaterial, ein- oder zweimal die Mietkosten für einen Kran, Stützmaterial und natürlich die Lohnkosten.

Die Kosten für das Holz kann man mit rund 250-300 Euro pro Kubikmeter ansetzen. Die Windrispe kostet rund 150 Euro, die Traufbohle wird pro Meter mit rund 6 Euro angesetzt, das Befestigungsmaterial mit pauschal rund 300 Euro, die Mietkosten für den Kran mit rund 100 Euro für die Anfahrt und 70 Euro pro Stunde, Stützen werden meist von den Zimmerleuten oder den Bauhandwerkern gestellt. Die Lohnkosten berechnen sich nach Meter Holz. Pro Meter müssen rund 3,70 Euro angesetzt werden.

Hinzu kann noch eine Verschalung gehören. Damit ist gemeint, dass Dachüberstände mit Profilbrettern verkleidet werden. Pro Quadratmeter muss man mit rund 30 Euro rechnen.

Eine Dachgaube kann die Zimmerleute erhebliche Zeit kosten. Damit steigen die

Lohnkosten massiv. An einer Dachgaube kann genau so lange gearbeitet werden wie an dem restlichen Dachstuhl.

Die kleinen Ecken für das Krüppelwalmdach, die sehr schön aussehen, erhöhen den Preis für Dachstuhl und Dachdeckung schnell um über 10 Prozent.

Man sollte dem Zimmermann ruhig auf die Finger schauen, wenn er die Sparren auf die Pfetten setzt. Denn wenn er schlampig arbeitet, und die Sparren nicht in einer Ebene liegen, oder nicht gleichmäßige Abstände haben, werden die Folgearbeiten teurer.

Man sollte den Zimmermann zur Nachbesserung auffordern oder ihm die Folgekosten in Rechnung stellen.

Z.B. wird die innere Verkleidung des Dachstuhls nur möglich sein, wenn man sehr viel Arbeit in den Flächenausgleich hineinsteckt.

Eine einfache Möglichkeit, die Unebenheiten des Daches festzustellen, ist, bei Dunkelheit eine Taschenlampe flach an die Fläche zu halten und die entstehenden Schatten zu beobachten.

Die Eindeckung des Daches

Zur Eindeckung des Daches gehören Folie, Konterlattung, Dachlattung, Dachziegel, spezielle Ziegel für die Giebel und den First, die Kamineinfassung, Trittstufen für den Schornsteinfeger zum Schornstein, Dachrinnen, Fallrohre und Schieferarbeiten.

Pro Quadratmeter Folie, Konterlattung, Dachlattung und Dachziegel muss mit rund 32 Euro bei einfachen Dachziegeln gerechnet werden. Darin sind Material und Löhne enthalten. Die Kamineinfassung schlägt mit rund 300 Euro zu Buche. Pro Meter Dachrinne oder Fallrohr werden rund 22 Euro berechnet. Pro Meter Schieferarbeiten (eine einzelne Reihe mit Eternitplatten) werden rund 12 Euro berechnet.

Sollen spezielle Vorrichtungen für die Blitzableitung eingebaut werden, müssen wieder rund 2.000 Euro berücksichtigt werden.

Die Dachisolation

Zwischen den Sparren wird eine mindestens 20 Zentimeter dicke Schicht aus Mineralwolle eingebracht. Pro Quadratmeter kosten die Platten rund 10 Euro. Hinzu kommen Lohnkosten von weiteren 10 Euro. Unter die Wärmedämmung wird eine sogenannte Dampfsperr-Folie eingebaut. Mit zwei Euro pro Quadratmeter sollte man hinkommen. Stöße von Folienstücken müssen gut verklebt werden, damit keine feuchte Luft in die Dämmung einziehen kann.

Da die Wärme nach oben steigt, sind Lücken in der Dachdämmung bezogen auf die zig Jahre aufzubringenden Energiekosten besonders teuer. Die Mineralwollplatten müssen sehr eng aneinander angepasst werden, damit solche Lücken nicht entstehen. Die müssen direkt an die Dämmung der Außenwände reichen.

Die Verklinkerung

Die komplette Außenfläche muss verklinkert werden. Anstoßende Garagen können einerseits heraus gerechnet werden. Dafür muss häufig für die Aufnahme der Klinkersteine außerhalb der Wärmedämmung eine preisgünstigere Kalksandsteinwand hochgezogen werden.

Fensterflächen und der Haustürbereich werden durchgerechnet, müssen also bezahlt werden, obwohl dort kein Klinker steht. Begründung der Handwerker: es ist viel leichter eine Wand gleichmäßig durch zu ziehen, als immer wieder neue Anschlüsse zu erstellen. Bei den Außenabmessungen wird jeweils die komplette Länge gerechnet, obwohl man für zwei Wände die Dicke der Klinkersteine abziehen müsste.

Besonderheiten für Stürze, Verzierungen oder Fenstereinfassungen kosten pro Meter rund 15 Euro oder mehr.

Grundsätzlich kostet der Quadratmeter Klinker inclusive Lohn rund 80 Euro. Darin sind meist die Gerüstkosten enthalten.

Die Kosten für die sogenannte Kerndämmung müssen mit rund 12 Euro pro Quadratmeter angesetzt werden.

Das Verfugen kostet pro Quadratmeter rund 8 Euro. Fensteröffnungen und Haustüren werden durchgerechnet. Die Fuger sollten schon während der Klinkerarbeiten beteiligt sein, damit sie die Gerüste nutzen können.

Das Abkleben

Unter dieser Position wird die Abdichtung der Wände und der Bodenplatte bzw. der Kellerdecke gemeint. Man muss bedenken, wenn der Klinker an der Außenwand aufgebaut wird, sickert bei Regen Wasser durch die Klinkersteine nach unten. Dieses Wasser könnte in die Innenwände eindringen oder die entsprechende Decke nass machen.

Um diesen Effekt zu vermeiden, wird die Wand und die Position auf der Decke, auf der die Klinker stehen, mit einer Bitumenbahn abgeklebt. So wird das Wasser nach außen abgeführt und das Haus bleibt trocken.

Man muss mit etwa 500 Euro an Kosten rechnen.

Die Heizungsanlage

Bei der Entscheidung für ein Heizungssystem spielt nicht nur der Anschaffungspreis eine Rolle. Auch die laufenden Kosten für die kommenden zig Jahre sollten berücksichtigt werden.

Man sollte für sich selbst eine Excel-Tabelle einrichten, die die Investitionskosten für die unterschiedlichen Systeme darstellt.

(Beispielsweise: Gasofen, Ölofen, Holzpellets, Luftwärmepumpe, Erdwärmepumpe mit Tiefbohrung, Erdwärmepumpe mit Nutzung der Gartenflächen, Elektroheizung, Blockheizkraftwerk, Solaranlage.)

Die Parameter für die Berechnungen sind das Heizmaterial, die Wartung, die Ersatzinvestitionen zu bestimmten Zeitpunkten und der Zinsvorteil, ein zusätzlicher Stromzähler, die elektrische Zusatzheizung bei Wärmepumpen, der selbst erzeugte Strom bei Kraftwärmekopplung, staatliche Zuschüsse, der Gasanschluss oder der Lagerraum für Öl oder Holzpellets, der Schornstein, die Antragskosten für die Stromkostenvergütung.

Danach werden die laufenden Kosten und Investitionen auf einem Zeitstrahl von 30

Jahren für Energie, Wartung, Schornsteinfeger, Ersatzteile usw. aufgeführt und mit zu erwartenden Inflationsraten hochgerechnet.

Auch Zusatzinvestitionen müssen berücksichtigt werden. Bei einer Wärmepumpe braucht man keinen Schornstein; bei jedem Ofen, in dem etwas verbrannt wird, aber schon. Dann fallen auch die laufenden Schornsteinfegergebühren an. Die Kamineinfassung über dem Dach und das Edelstahl- oder Kupferblech als Abdeckung fallen ebenfalls zusätzlich an. Wenn man bei einem System weniger investieren muss, sollte man sich Zinseinkünfte gutschreiben.

Es ist jetzt sehr wichtig, auf eine wie lange Zeit man die Lebenszeit der Systeme veranschlagt. Z.B. sind bei der Betrachtung einer Erdwärmepumpe die Investitionskosten für die Erdbohrung für fast 20 Jahre so dominant, dass die niedrigeren und sichereren Energiekosten sich noch nicht rechnen. Aber funktioniert eine solche Anlage auch 30 Jahre lang? Bei diesen Fragestellungen und bei der Prognose der Inflationsrate für Energiekosten ist man schon auf persönliche Einschätzungen angewiesen. Und die müssen nicht richtig sein. Also sollte man ein wenig mit Inflationsrate und

Zins spielen und unterschiedliche Simulationen anstellen. Eine graphische Aufbereitung der Zahlen macht die Übersicht leichter.

Es ist ärgerlich, dass die Häuser immer weniger Energie verbrauchen, weil sie gut gedämmt sind, aber trotzdem werden die Heizsysteme immer teurer.

Man muss für ein Einfamilienhaus mindestens 17.000 Euro ansetzen. Fußbodenheizung, Fußbodendämmung und Warmwasserspeicher sind eingeschlossen.

Bei der Entscheidung für ein Heizsystem ist ein regenerativer Wärmeerzeuger per Gesetz zu berücksichtigen; anderenfalls bekommt man keine Baugenehmigung.

Beim Warmwasserspeicher sollte man unbedingt darauf achten, dass er aus Edelstahl besteht. Anderenfalls fällt alle paar Jahre eine sogenannte Opferanode an, die locker 100 Euro kostet.

Übrigens: Wenn man einen Pufferspeicher kauft, so muss der sich nicht unbedingt rechnen. In 1000 Liter Wasser kann man bei einer Wärmepumpe maximal 30 Kilowattstunden Heizenergie speichern, was bei Öl- oder Gasfeuerung rund 2 Euro ausmacht, Stromkosten für eine Wärmepumpe liegen höher. Wie viel man davon wirklich nutzt ist fraglich. Und Wärmeverluste und erhöhte Stromkosten fallen auch noch an. Es ist auch zu berücksichtigen, dass ein Estrichboden ja auch als Speicher dient. Bei 100 Quadratmetern Fläche wiegt der rund 12.000 Kilo, hat also die zwölffache Speicherkapazität. (Allerdings würde man ihn nie so aufheizen wie das Wasser im Pufferspeicher.) Auch die Wände im Haus dienen als Wärmepuffer. Das Geld in eine bessere Wärmedämmung zu investieren ist wahrscheinlich sinnvoller, weil wartungsärmer.

Es wird heute gern darauf aufmerksam gemacht, dass man sowohl aus der Sonne, der Luft, einem Holz- oder Pelletofen Wärme gewinnen sollten. Stimmt natürlich. Aber wer macht denn hier noch eine betriebswirtschaftlich sinnvolle Rechnung bezüglich Investition und laufenden Kosten auf? Denn Anlagen, die nur wenig genutzt werden, altern ja trotzdem und müssen nach einer bestimmten Anzahl Jahren ersetzt werden. Man braucht auch mehr Platz, der Geld kostet, und trägt höhere Risiken für Ausfall und Beschädigung.

Es wird heute von sehr vielen Seiten eine Solaranlage empfohlen. Es ist gleichgültig, ob über die Anlage Strom oder Warmwasser erzeugt wird. M.E. ist die betriebswirtschaftliche Sicht ziemlich unsinnig.

Wenn man in den Sommermonaten Warmwasser erzeugen kann, sagen wir für rund 200 Euro an Gaspreis und die Solar-Anlage kostet rund 5.000 Euro. So amortisiert sich die Anlage erst nach über 25 Jahren. Zinsverluste mit eingerechnet. Aber wer glaubt denn, dass diese Solaranlagen nach so vielen Jahren noch genauso gut funktionieren wie am Anfang. Es muss auch berücksichtigt werden, dass man erhöhte Gebäudeversicherungen zu bezahlen hat, weil Solaranlagen einen zusätzlichen Wert und ein zusätzliches Risiko darstellen.

Bei der Erzeugung von Strom rechnet sich die Anlage in unseren Breiten nur, weil sie von den Nachbarn über die Steuern mit bezahlt werden. Unterstellen wir einmal, dass ein Quadratmeter pro Jahr rund 500 Kilowattstunden Strom erzeugt und multipliziert diesen Wert mit 24 Cent pro Kwh. Dann hat man 120 Euro an Stromkosten abgedeckt. Dann reduziert sich über die Jahre der Wirkungsgrad, die Sonnenstundenzahl kann steigen, aber auch fallen. Die Feuerversicherung wird teurer. Es ist Wartungsaufwand erforderlich. Die elektrischen Teile müssen ersetzt werden. Man hat erhebliche Zinsverluste zu verzeichnen. Man benötigt einen getrennten Stromzähler, dessen Miete im Jahr rund 100 Euro kostet.

Ob die Umweltbilanz bei den Kollektoren insgesamt positiv ist, müsste auch einmal von neutraler Seite ausgerechnet werden, denn die Herstellung, der Aufbau, der Wartungsaufwand sind ja auch nicht umweltneutral.

Die Anschlusskosten

Unter Anschlusskosten sind die Verbindungen zum Wasserversorger, Abwasserkanal, Regenwasserkanal, Strom- und Gasversorger und zur Telekom, evtl. Kabelfernsehen gemeint. Die Kosten bilden sich meist aus der Entfernung zum jeweiligen Anschluss. Gerechnet wird in Metern. Aber trotzdem sind die Kosten jeweils von der Stadt oder Gemeinde abhängig. Man muss mit mindestens 5.000 bis 10.000 Euro rechnen. Die Bauämter oder die Versorger geben einem Auskunft.

Detaillierte Werte über den dicken Daumen: Telekom rund 300 Euro, Elektroanschluss rund 1.300 Euro, Wasseranschluss 1.900 Euro, Abwasser und Regenwasserkanalanschluss rund 5.000 Euro. Beim Abwasserkanal muss evtl. ein außenliegender Revisionsschacht gebaut werden, der schon mal 1.000 bis 2.000 Euro kosten kann.

Kosten der Bauabnahme

Wenn das Haus fertiggestellt ist, muss es vom Bauamt abgenommen werden. Das heißt, es wird überprüft, ob alle genehmigten Festlegungen eingehalten wurden.

Berechnet werden die Kosten über die Kubikmeter des umbauten Raumes für das Wohngebäude bzw. für die Garage.

Pro Kubikmeter Wohngebäude werden 110 Euro angesetzt, pro Kubikmeter Garage werden 77 Euro angesetzt.

Die Summe wird durch 1000 geteilt, dann mit 6 Euro pro 1000 Euro bewertet, und davon werden nur 15 % genommen.

Man kommt also auf einen Wert, der ungefähr bei 100 Euro liegt.

Wenn man z.B. nur eine Garage baut und der Preis für die Bauabnahme unter 50 Euro fällt, werden trotzdem pauschal 50 Euro in Rechnung gestellt.

Fenster und Haustür

Der Preis für Fenster ist von der Anzahl der Glasscheiben, der Metallbedampfung, der Rahmenqualität, den Scharnieren und Sicherheitseinrichtungen abhängig.

Man kann auch außen eine Holzfarbe und innen weißen Kunststoff bekommen.

Für ein normalgroßes einfaches Fenster muss man mit rund 500 Euro rechnen, eine Terrassentür kostet rund 650 Euro, ein WC-Fenster nur rund 350 Euro.

Über den Fenstern soll im Normalfall ein Rolladenkasten eingebaut werden. Pro Meter fallen rund 80 Euro an.

Pro Quadratmeter Rolladen kommen noch einmal rund 70 Euro hinzu.

Sicherheitsmaßnahmen machen den Preis erheblich teurer.

Die Haustür beginnt bei Kosten von rund 3000 Euro. Nach oben gibt es keine Grenze.

Die Fensterbauer erzählen einem gern etwas von den K- oder U-Werten. Man sollte aber wissen, dass ein Quadratmeter Fensterfläche mit einer K-Wert-Verbesserung um den Faktor 1 zu einer Energieeinsparung von rund 7 Euro im Jahr führt. Wenn man also einen Aufpreis von 100 Euro für eine K-Wert-Verbesserung von 1,1 auf 0,7 zahlt, wird man dieses Geld nie wieder über die Energieeinsparung herein wirtschaften.

Fensterbänke

Man kann einen Meter im Raum liegender Fensterbank aus Marmor oder Holz für gut 20 Euro bekommen. Hinzu kommen die Einbaukosten. Natürlich kann man auch sehr viel mehr ausgeben, wenn Besonderheiten gewünscht werden.

Außenliegende Fensterbänke können aus Klinker, Marmor, Granit oder geformtem Sandstein verbaut werden. Eine Klinkerfensterbank sollte für gut 20 Euro pro Meter zu bekommen sein. Marmor ist etwas teurer, der Preis für Granit liegt noch höher. Bei geformtem Sandstein liegt man schnell über 100 Euro pro Meter.

Elektro-Installation

Bei der Elektro-Installation kommt es sehr auf die Wünsche des Bauherrn an. Es beginnt mit dem Sicherungskasten. Dann kommen die Verbindungen zu den einzelnen Räumen, wo Steckdosen, Lichtschalter, Wand- und Deckenbeleuchtungen, Stromanschlüsse für Elektroherd, Kühlschrank oder –truhe, Waschmaschine, Wäschetrockner, Sauna, Heizung oder Wärmepumpe, Fernseher, Computer, Normal- und Starkstromanschlüsse in der Garage, Außenbeleuchtungen, elektrische Rolladenmotoren, elektrische Garagentore usw. berücksichtigt werden müssen.

Wenn dann noch computerisierte Steuerungen gewünscht werden, kann es gleich sehr viel teurer werden.

Mauerdurchbrüche und andere Stemmarbeiten kosten zusätzlich.

Man sollte von einem Basispreis von rund 4.500 Euro ausgehen. Nach oben gibt es keine Grenzen.

Übrigens wird bei einer Wärmepumpe sehr häufig ein weiterer Stromzähler empfohlen, um den günstigeren Wärmepumpenstrompreis bekommen zu können. Wenn man aber bedenkt, dass dieser zweite Stromzähler im Jahr rund 100 Euro kostet, der Preisvorteil pro Kilowattstunde bei 4 Cent liegt, so bräuchte man schon 2500 Kilowattstunden pro Jahr, um den Break-Even-Point zu erreichen.

Da moderne Häuser aber häufig nur 6000 Kilowattstunden Heizbedarf haben, und dafür über eine Wärmepumpe nur 1500 bis 2000 Kilowattstunden Strom zum Betrieb von Kompressor und Pumpen benötigt werden, ist der zweite Zähler einer Mogelpackung.

Abwasser-Installation

Überall im Haus, wo Waschtische, Duschtassen, Wannen, Waschmaschinen, Geschirrspülmaschinen oder Toiletten stehen, muss das Abwasser durch 5 oder 10 Zentimeter dicke Abwasserrohre abgeführt werden. Manchmal im Keller unter der Decke oder an einer Wand, manchmal unter dem Estrich und manchmal in der Wand. Es muss auch ein Kanalentlüftungsrohr berücksichtigt werden, dass üblicherweise auf der Dachfläche austritt.

Es werden sicher 1.000 Euro an Kosten anfallen.

Wasser-Installation

Ausgehend von der Wasseruhr des Wasserversorgers werden Wasserleitungen aus Kupfer oder Kunststoff zu den Entnahmestellen an Waschtischen, Toiletten, der Küche, der Heizung und dem Garten verlegt. Warmwasser wird von der Heizung aus zu den entsprechenden Entnahmestellen geführt. Wenn man an jeder Warmwasser-Entnahmestelle sofort warmes Wasser erwartet, muss man eine sogenannte Zirkulation einrichten lassen.

Die Kosten beginnen bei rund 2.000 Euro.

Darin sind keine Mischbatterien enthalten!

Verputzen der Innenwände

Sobald die Rohinstallationen eingebaut sind, wird das Gebäude von innen verputzt. Der Quadratmeter Putz muss mit rund 12 Euro inclusive MWST angesetzt werden. Hinzu kommen Besonderheiten für Eckschienen oder das Ausgleichen von Nischen, die geschlossen werden sollen.

Kosten für den Estrich

Beim Estrich muss man zwischen Verbundestrich und schwimmendem Estrich unterscheiden.

Verbundestrich wird üblicherweise in einer Garage verwendet.

Der schwimmende Estrich wird auf eine Schicht von Styropor-Platten und mit einer Schaumfolie zu den Wänden hin vom Betonboden und den Wänden getrennt. So soll eine Schallübertragung vermieden werden. Ein weiterer Effekt ist, dass heutzutage meist mit Fußbodenheizungen gearbeitet wird, deren Wärme weder auf den Betonuntergrund noch auf die Wände übertragen werden soll.

Somit entsteht beim schwimmenden Estrich eine zusätzliche Kostenposition, die sich aus der Styropor-Unterlage, der darauf aufgebrachten Folie und der Trennfolie an den Wänden ergibt.

Der Estrich selbst sollte nicht mehr als 13 Euro pro Quadratmeter kosten, der Preis für den Unterbau hängt von der Dicke der Dämmung ab.

Manchmal müssen bei großen Räumen noch Eisenmatten eingelegt werden, die den Estrich stabilisieren.

Sogenannter Fließestrich verlangt eine absolut dichte Folienunterlage. Denn wenn man sich vorstellt, dass der schwere flüssige Estrich unter die Styroporschicht laufen sollte, führt das dazu, dass das Dämmmaterial oben schwimmt und der Estrich unten auf dem Beton aufliegt.

Grundsätzlich hat Fließestrich den Vorteil, dass er sehr schnell verlegt ist und eine absolut ebene Oberfläche erzeugt.

Holzdecken

Man kann Decken verputzen, tapezieren und dann streichen und diesen Vorgang alle paar Jahre wiederholen. Man kann aber auch einmalig Dachlatten unter die Decke dübeln und eine Holzdecke anbringen. Zwischen der Holzdecke und der Betondecke kann man noch eine Styropor-Wärmedämmung unterbringen, so dass die Wärme nicht in das obere Stockwerk weitergeleitet wird.

Es ist zu berücksichtigen, dass die Temperatur unter der Decke rund 5 -7 Grad höher liegt als in Sitzhöhe.

Man kann in die Holzdecke auch Beleuchtungsmittel oder Lautsprecher einbauen.

Ein Quadratmeter Holzdecke kostet zwischen 20 und 60 Euro. Verputzen, tapezieren und streichen wird ähnlich viel kosten. Deckenrandleisten sind zwischen 3 und 10 Euro pro Meter zu bekommen.

Wenn eine Decke nur verputzt und dann gestrichen wird, kann man mit rund 20 Euro pro Quadratmeter auskommen.

Fliesen

Wo überall liegen Fliesen? Im Badezimmer, dem Gäste-WC, der Küche, dem Wohnzimmerboden, im Hauswirtschaftsraum, in der Sauna oder dem Waschkeller, bei manchen Leuten auch in der Garage.

Selbst bei einem sehr kleinen Badezimmer fallen schon 20 bis 40 Quadratmeter Fliesen für Boden und Wände an.

Fliesenkleber, Abschlussschienen, Fugenmaterial, Bilderfliesen und Borten müssen zusätzlich berücksichtigt werden.

Je nach Format und Kompliziertheit des Raumes liegen die Arbeitslöhne zwischen 25 und 50 Euro pro Quadratmeter.

Sanitäre Einrichtungen

Zu den sanitären Einrichtungen gehören Waschtische, Toiletten, Bidets, Duschen, Wannen, Urinale. Auch Badezimmer-Möbel, -Spiegelschränke, Handtuch- und Toilettenpapierhalter, Toilettenbürsten, Seifenspender, Brausegarnituren, Armaturen, Waschtischsäulen oder –Halbsäulen, Ablagen für die unterschiedlichsten Utensilien, besondere Handtuchtrockner oder Infrarotstrahler.

Die Preise gehen von wenigen hundert Euro für Anlagen aus dem Baumarkt bis zu vielen tausend Euro für Designerstücke.

Tapeten

Tapeten kann man pro Rolle schon für wenige Euro kaufen, aber auch für einige zig Euro pro Rolle. Untergrundanstriche, Farbanstriche, Zierborten und ähnliches können die Preise erheblich nach oben treiben.

Die Lohnkosten für den Anstreicher entsprechen etwa den Materialkosten. Je komplizierter die Räume sind oder je unebener und arbeitsaufwendiger die Wände sind, um so höher liegen die Lohnkosten.

Teppich-Auslegware

Je nach Strapazierfähigkeit, Qualität und Dessin können Preise je Quadratmeter Teppich zwischen 15 und 100 Euro liegen. Verschnitt, Klebematerial, Randabschlussleisten, Trittkanten, Übergangsleisten zu gefliesten Flächen müssen berücksichtigt werden.

Innentüren

Eine einfache Innentür kostet inclusive Einbau rund 350 Euro. Aber auch hier gibt es keine Grenzen nach oben. Eine Tür mit Glaseinsatz, mit Leistenaufsatz, mit integrierten Kassetten, aus besonderem Holz, mit besonderen Türbändern, Türdrückern oder Schlüsselrosetten oder besonderen Schlössern kann auch das Zehnfache kosten.

Ansprüche an den Brandschutz sind immer sehr teuer, machen die Tür schwer und schreiben häufig Metallzargen vor.

Türschließer oder elektrische Türöffner können ebenfalls Aufpreise bedeuten.

Die Lohnkosten für den Einbau fangen pro Tür bei 50 Euro an und können auch bis zum Zehnfachen hochgehen.

Die Garagenkosten

Was muss alles bei der Garage berücksichtigt werden?

Fundament und Bodenplatte inclusive Schalung, Stahlmatten, Beton und Betonpumpe oder Kran mit Betonbombe. Natürlich kommen die Lohnkosten hinzu. Pro Meter Fundament kommen rund 40 Euro zusammen. Pro Quadratmeter Bodenplatte muss mit rund 60 Euro gerechnet werden.

Dann wird das Innenmauerwerk mit Steinen, Zement, Gerüst und Lohnkosten zu bezahlen sein. Pro Quadratmeter Wand kommt man auf rund 40 Euro.

Für die Decke werden Stützen, Schalholz, Baustahlmatten und Beton mit Betonpumpe zu bezahlen sein. Alternativ könnten Fertigteildecken per Kran aufgelegt werden. Stützen sind meist trotzdem nötig. Pro Quadratmeter Decke muss man mit rund 60 - 80 Euro rechnen.

Schließlich wird die Decke mit einem Estrich glatt gemacht, damit der Dachdecker eine Bitumenbahn aufkleben und an das Regenwasserrohr anschließen kann. Estrich kostet rund 12 Euro pro Quadratmeter, die Bitumenbahn sollte mit rund 10 Euro pro Quadratmeter zu bezahlen sein.

Regenwasserrohr und Anschluss an den Regenwasserkanal sind erforderlich. Das macht nochmal gut 200 bis 300 Euro.

Die Verklinkerung oder der Verputz macht die Garage genauso schön wie das Wohngebäude. Pro Quadratmeter Klinker ist mit rund 80 Euro zu rechnen. Der Verputz ist günstiger.

Dann kommen noch das Garagentor und vielleicht eine Garagentür hinzu. Macht noch mal 1.000 bis 2.000 Euro. Die Beleuchtung darf man auch nicht vergessen.

Somit kostet eine mittlere Garage schnell über 10.000 Euro.

Eine Fertiggarage ist nur wenig preisgünstiger zu erhalten, hat aber den Vorteil das die Wände dünner sind und somit mehr Platz zur Verfügung steht. Wenn sie dann durch Verklinkerung an das Gebäude angepasst werden soll, ist man sogar teurer als bei der selbst gebauten Garage.

Einfahrt und Hauszugang

Der Unterbau der Einfahrt und des Hauszugangs wird mit Schotter gefüllt. Dann werden Randsteine in Beton gesetzt, die Zwischenräume mit Sand aufgefüllt, abgezogen und mit Pflastersteinen belegt, danach abgerüttelt und mit Sand verfugt.

Pro Quadratmeter kommen da schnell 50 bis 100 Euro zusammen. Je mehr Ecken und geschnittene Steine notwendig sind, um so mehr Lohn muss der Handwerker nehmen.

Terrasse

Ähnlich wie bei der Einfahrt und dem Hauszugang fallen alle genannten Arbeiten an. Der Terrassenbelag bewegt sich preislich aber häufig in höheren Regionen, also kann der Quadratmeterpreis insgesamt höher liegen.

Bodenarbeiten

Sobald der Bau fertig ist, sollen Garten und Vorgarten angelegt werden, Hohlräume unter der Garage geschlossen werden oder überschüssiges Erdreich abgefahren werden. Natürlich immer vorausgesetzt, dass durch den Bau der Zugang zu dem Material nicht versperrt wird. Dann hätte es früher entfernt werden müssen.

Baggerstunden, LKW-Stunden und Fahrtkosten, evtl. Deponiekosten müssen berücksichtigt werden.

Bauholz und Werkezeuge

Wer am Neubau bestimmte Arbeiten selbst machen will, muss an Stützen, Träger und Schalholz denken. Bohrmaschine, Mischquirl für Porenbetonkleber oder Fliesenkleber, Hammer, Sägen, Messer, Wasserwaage, Zollstöcke, Bandmaß und Schlauchwaage, Baubleistifte, Verlängerungskabel, Spannwerkzeuge, Schrauben- und Nagelmaterial, Richtschnüre und Lote, Leitern und Gerüste, Fliesenschneider und –Bohrer, Zahnspachtel,

Maurerkelle, Fugeisen, Eimer, Mörtelkübel, Schubkarre, Schaufel, Spaten.

Hinzu kommen Leihgebühren für Kran, Rüttelplatte, Aufzug für Dachziegel, Betonpumpe und Leihfahrzeuge.

Die Liste ist bestimmt nicht vollständig. Trotzdem sind alle diese Materialien und Werkzeuge Sparpositionen, denn mit ihrer Hilfe werden Lohnkosten durch Handwerker eingespart.

Sonstige Kosten

Zu den sonstigen Kosten gehören die **Satelitenschüssel**, die häufig vom Elektriker mit angeboten wird.

Die **Küche** muss berücksichtigt werden. Eine Position, die von 5.000 Euro aufwärts zu berücksichtigen ist.

Alle Fenster sollten **Gardinen** erhalten. Je nach Größe, Qualität, Aufhängung und Dekoration ein nicht unerheblicher Posten.

Eine **Markise** sollte so früh wie möglich berücksichtigt und eingebaut werden. Der Preis fängt bei rund 2.000 Euro an.

Ein wichtiger Posten ist der **Umzug**. Man kann ihn mit Bekannten und Verwandten selbst machen, muss dann aber auch eine LKW mieten, Decken, Verpackungsmaterial, Umzugskartons usw. kaufen oder mieten.

Alternativ schlägt ein Umzugsunternehmen mit 5.000 bis 10.000 Euro zu Buche. Da man den fast fertigen Bau sicher häufiger aufsucht, sollte man bei jeder Fahrt den Wagen gut gefüllt haben, um nicht so oft genutzte Gegenstände schon frühzeitig im Neubau zu haben und den endgültigen Umzug zu entspannen. Evtl. können die Garagenflächen als Zwischenlager benutzt werden.

Wenn man sich ins Wohnzimmer einen **Kachelofen** oder anderen Holzofen einbauen lassen will, so sollte man das auch vor dem Umzug tun, denn er hilft, den Rohbau trocken zu bekommen. Für den Holzofen ist ein eigener Schornsteinzug vorzusehen. Also spricht man schon von mindestens 5.000 Euro.

Einsparmöglichkeiten

Steuersparmöglichkeiten

Wenn man ein gebrauchtes Objekt mit Grundstück und Gebäude kauft, muss man für den vollständigen Kaufpreis Grunderwerbssteuer bezahlen.

Wenn man nur das Grundstück kauft und das Haus selbst errichtet oder von einem anderen Bauträger erbauen lässt, muss man nur auf den Grundstückspreis die Steuer entrichten. Hier stecken Einsparungen von mindestens 5.000 Euro drin. Achtung: kommt das Grundstück und der Bau vom gleichen Bauträger ist der Komplettpreis zu versteuern.

Architektenkosten

Wie weiter oben beschrieben, unterteilen sich die Architektenkosten in unterschiedliche Aufgabenstellungen. Kann man bestimmte Teile der Architektenarbeiten selbst übernehmen, kann man schon vorher sehen, wie hoch die Einsparung sein wird.

Statikerkosten

Die Statikerkosten sind nur indirekt zu beeinflussen. Je einfacher ein Haus aufgebaut ist und je weniger umbauten Raum man angeht, umso niedriger fallen die Statikerkosten aus.

Putz statt Klinker

Ein Quadratmeter Klinker kostet rund 80 Euro. Ein Quadratmeter Außenputz liegt bei rund 60 Euro. Bei 200 Quadratmeter Außenfläche macht das schon rund 4.000 Euro aus. Da der Putz nur knapp zwei Zentimeter dick ist, der Klinker aber 10 Zentimeter, spart man bei 40 Metern Hausumfang rund 3 Quadratmeter Grundstücksfläche, die man anderweitig nutzen kann. Der geringere umbaute Raum wirkt sich auch in den Bauantragskosten aus. Bei gleichem Dachüberstand kann das Dach entsprechend kleiner dimensioniert werden.

Kalksandstein statt Porenbeton

Porenbeton kostet pro Kubikmeter rund 120 Euro. Der Preis von Kalksandstein liegt bei rund 65 Euro. Dafür ist der Arbeitsaufwand höher. Und die Wärmedämmung muss etwas dicker ausfallen, um den gleichen Dämmwert zu erreichen. Die Wärme-Speicherfähigkeit ist aufgrund der größeren Masse höher.

Rigips statt Putz

Man stelle sich eine Wand ohne Fenster und Tür vor, die vier Meter breit und zweieinhalb Meter hoch ist. Die Fläche macht also zehn Quadratmeter.

Unterstellen wir als Basiswert für den Putz 13 Euro pro Quadratmeter; insgesamt sprechen wir also von einem Preis von 130 Euro.

Alternativ könnte man sechs waagerechte Reihen Dachlatten an die Wand dübeln und senkrecht ausrichten. Die Dachlatten werden im Abstand von genau 50 cm gesetzt, so dass man eine zwei Zentimeter dicke Styroporplatte einsetzen kann. Dann werden Rigipsplatten senkrecht angeschraubt und verputzt.

Wie sieht diesmal die Kostenrechnung aus?

24 m Dachlatten kosten rund 15 Euro.

9 Quadratmeter Styropor kosten rund 15 Euro. Das Styropormaterial kann man evtl. sogar vollständig einsparen, denn eine Luftschicht ist grundsätzlich ein guter Wärmeschutz.

10 Quadratmeter Rigipsplatten kosten rund 40 Euro.

Hinzu kommen rund 10 Euro für Befestigungsmaterial und 5 Euro für den Verputz von Löchern und Ritzen.

In Summe sind wir also bei 70 - 85 Euro. Der Arbeitsaufwand in Eigenleistung sollte 3 Stunden kaum überschreiten. Netto-Stundenlohn also bei gut 20 Euro. Ist doch nicht schlecht.

Zu berücksichtigen sind Steckdosen, Schalter und Wasseranschlüsse. Sie müssen rund 3,5 cm verlängert oder versetzt werden, was kein zusätzliches Geld kosten sollte.

An Fenstern, Rollokästen, Gurtbandkästen oder Türen müssen die

Planungen schon den etwas dickeren ‚Putzaufbau' berücksichtigen!

Holzbalkendecke statt Betondecke

Eine Betondecke kostet rund 80 Euro pro Quadratmeter und muss dann noch für rund 30 bis 50 Euro von unten verkleidet werden.

Eine Holzbalkendecke aus dicken gehobelten Balken kann man für rund 40 Euro inclusive Lohn pro Quadratmeter bekommen. Auf die Holzdecke werden dicke Spuntbretter aufgeschraubt, in Eigenleistung bei einem Quadratmeterpreis von rund 15 Euro. Damit ist die untere Sicht der Decke schon abgeschlossen.

Zwischen den Holzbalken kann man Kabel führen und eine Wärmedämmung einbauen.

Dachform

Die Dachform ist von entscheidender Bedeutung für die Kosten des Zimmermannes. Es wird zwar kaum mehr Holz benötigt, aber der Arbeitslohn steigt immens für Dachgauben, Walmdächer oder Krüppelwalmdächer.

Auch der Dachdecker hat erheblich höhere Aufwände, um Ziegel zuzuschneiden, Folien genau abzudichten, Bleibleche einzubringen.

Sonderformen der Dachziegel kosten erheblich mehr als die Normaldachpfannen. Und man muss an die zusätzlichen Risiken bei Sturm und Starkregen denken.

Der Arbeitsaufwand für eine kleine Dachgaube kann höher liegen als für den Rest des gesamten Dachstuhls!

Porenbeton-Mauern und Filigrandecken in Eigenleistung errichten

In dem Buch ‚*In 1000 Stunden baue ich mein eigenes Haus*' steht sehr detailliert beschrieben, wie man in Eigenleistung Wände und Decken errichtet.

Als Laie meint man immer, dass diese Arbeiten ein Hexenwerk sind, was man nicht beherrschen kann.

Aber wenn man hört, das man eine Etage in weniger als 50 Arbeitsstunden als Alleinbauer errichten kann und dass man in dieser Zeit rund 5.000 Euro an Lohnkosten einspart, so sollte man sich doch einmal überlegen, ob man diese Arbeit nicht doch ausführen sollte.

Vielleicht hat man ja einen Bekannten, der einem kurz zur Seite steht und die Ängste nimmt.

Das gleiche gilt für die Filigrandecke: Aufstellen der Stützen, Auflegen von Holzbalken, Auflegen der Betonplatten mithilfe eines Krans, Verschalen der Außenseiten mit Schalholz, Eisenmatten auflegen nach Plan des Statikers, Einbringen von Stahlkörben über den

Fensterstürzen und Betonieren mithilfe eines Krans mit Betonbombe.

Auch hier kann man in rund zwei Wochen rund 4.000 Euro einsparen. Hilfreich ist natürlich immer, wenn man fachmännischen Rat hat, so dass Fehler vermieden werden können.

Arbeiten, die man später im Innenraum des Hauses in Eigenleistung durchführt, bringen pro Stunde erheblich weniger an Einsparung. Also warum macht man nicht die groben Arbeiten und verdient dabei richtig Geld?

Teile des Dachstuhls selbst vernageln

Wenn der Dachstuhl mit seinen Sparren steht, wird üblicherweise eine Decke aus Holz eingezogen. Das macht man, indem sogenannte Knaggen-Bretter in etwa 2,5 Metern Höhe seitlich an die Sparren genagelt werden. Pro Meter spart man 3,70 Euro. Das macht in ein paar Stunden einige hundert Euro. Das ist doch nicht schlecht, oder?

Beispielkalkulation für ein Bungalow-Haus mit nur einer Ebene (110 qm Wohnfläche) und einem nicht ausgebauten Satteldach, ohne Keller, mit zwei größeren Garagen

Grundstückskauf	90000
Steuern, Notar, Grundbuch, Makler	10000
Architekt	10000
Statiker	2400
Versicherungen	500
Baugenehmigung	700
Einmessung, Schnurgerüst	2500
Aushub / Bodenaustausch	5000
Bauwasser / Baustrom	1000
Kanalrohre	600
Gräben für Kanalrohre	1400
Bodenplatte und Fundamente	11000
Wände Erdgeschoss	10500
Erdgeschoßdecke	10000
Wände Dachgeschoss	4500
Treppe Rohbau	1500
Treppenbelag	1500
Schornstein	1000
Dachstuhl	7200
Dacheindeckung	11200
Abkleben	500
Fenster / Rollos	12500
Silikonarbeiten	500
Elektroinstallation	5000
Abwasserinstallation	1000
Wasserinstallation	2000
Heizung	17000
Telekomanschluss	300

Elektroanschluss	1300
Wasseranschluss	1900
Abwasseranschluss, Revisionssch.	5500
Putz	5000
Estrich incl. Garagenboden und Dach	3000
Holzdecken	3000
Fliesen	5300
Sanitäre Einrichtungen	5300
Tapeten	2500
Teppiche	2500
Türen	3500
Garagen	19000
Einfahrt	4000
Terrasse	1500
Bodenarbeiten	1000
Bauholz, Werkzeug	1200
Bauabnahme	300
Küche	5000
Antenne	500
Umzug	6000
Markise	1500
Gardinen	1500
Kachelofen	6000

Die Gesamtkosten liegen bei rund 330.000 Euro. Es ist kein Makler beteiligt.

Pauschaler Kostenansatz

Wenn man den umbauten Raum berechnet und mit rund 250 Euro pro Kubikmeter ansetzt, erhält man die ungefähren Baukosten. Das Grundstück hat damit natürlich nichts zu tun.

Aber man sollte jetzt nicht annehmen, dass, wenn man das Haus größer plant, automatisch die Kosten um diesen Kostensatz pro Kubikmeter ansteigen.

Das liegt daran, dass viele Kosten eines Hauses als sogenannte Fixkosten angesehen werden können. Das sind Kosten, die von der Größe des Hauses nur gering beeinflusst werden.

Ein Schornstein zum Beispiel ist unabhängig von der Wohnfläche. Es gibt immer nur eine Haustür oder ein Gäste-WC. Es gibt nur einen Sicherungskasten, nur eine Treppe, eine bestimmte Anzahl Fenster, einen Hauszugang, eine Garage und Einfahrt, nur eine bestimmte Anzahl Wasser-Zapfstellen, Steckdosen, eine Hausantenne, eine Schornsteineinfassung, eine Giebelgröße, wenn das Haus verlängert wird, eine

Außenbeleuchtung, eine Heizungsverteilung, ein Brauchwasserspeicher usw.

Natürlich werden viele dieser Faktoren geringfügig wachsen, wenn der umbaute Raum anwächst. Aber nicht in dem gleichen Maße, sondern in geringerem Umfang.

Preise vom Bauträger oder Fertighaushersteller

Ein Bauträger versucht die Kunden über schöne Abbildungen und günstige Preise zu locken. Aber auch der Bauträger will richtig gut verdienen, denn er trägt auch ein ordentliches Risiko, wenn er einen kompletten Bau anbietet.

Wo liegen die Verdienstmöglichkeiten?

Ein Bauträger wird immer versuchen, die Lohnkosten und die Materialkosten so niedrig wie möglich zu halten. Dafür wird er auch auf weniger gut ausgebildetes Personal zurückgreifen, welches im Niedriglohnsektor verdient.

Beim Material wird ebenfalls überall gespart: Fenster, Türen, Fliesen, Installationen, Baumaterial. Man schaue sich nur einmal an, was an Steckdosen für ein ganzes Haus angeboten wird. Da steht immer eine unrealistische Zahl und man muss als Hauskäufer kräftig über Sonderpreise zuzahlen. Jede kleine Veränderung kostet überproportional viel Geld.

Und man muss im Kleingedruckten genau nachlesen, wofür der Bauherr selbst zuständig ist. Die Liste ist endlos und die Risiken sind sehr hoch, dass sich der Bauträger über diesen Weg aus der Verantwortung stielt.

Natürlich sind alle Kosten für den Notar, das Grundbuch, die Grundschuldeintragung, die Wasser-, Gas-, Elektro-, Telefon- und Abwasseranschlüsse nicht im Preis enthalten.

Häufig wird der Preis für eine (Mini-) Garage erst am Ende draufgerechnet.

Wenn eine Wärmepumpe angeboten wird, so wird es sich meist um ein Billigprodukt handeln.

Die in diesem Buch aufgeführten Kostenpositionen sollten die Bauherren in einer eigenen Excel-Tabelle zusammentragen und die echten Endkosten aufaddieren, sonst erleben sie eine dicke Überraschung.

Das (meist einmalige) Abenteuer eines Eigenheims mit seinen enormen Investitionen sollte man schon mit möglichst viel Sachverstand mit beeinflussen.

Bei Fertighäusern gilt fast alles, was hier über Bauträger geschrieben ist. Der Endpreis sieht ganz anders aus als der erste Angebotspreis. Die Materialqualität ist intensiv zu prüfen. Und für was alles ist der Bauherr selbst verantwortlich und kann damit die ganze

Baustelle und die Kostenkalkulation in Gefahr bringen.

www.ingramcontent.com/pod-product-compliance
Lightning Source LLC
Chambersburg PA
CBHW050015230526
45470CB00003B/973